U0349954

# 青少年
# 水环境知识读本

环境保护部宣传教育中心　编著

中国环境出版社·北京

# 图书在版编目（ＣＩＰ）数据

青少年水环境知识读本 / 环境保护部宣传教育中心
编著. -- 北京 ： 中国环境出版社，2013.12
ISBN 978-7-5111-1617-8

Ⅰ. ①青… Ⅱ. ①环… Ⅲ. ①水环境-环境保护-青
年读物②水环境-环境保护-青年读物 Ⅳ. ①X143-49

中国版本图书馆CIP数据核字(2013)第258465号

出 版 人　王新程
责任编辑　张维平
封面设计　冯佳宁

出版发行　**中国环境出版社**
　　　　　（100062　北京市东城区广渠门内大街16号）
　　　　　网　　址：http://www.cesp.com.cn
　　　　　电子邮箱：bjgl@cesp.com.cn
　　　　　联系电话：010-67112765（编辑管理部）
　　　　　　　　　　010-67112738（管理图书出版中心）
　　　　　发行热线：010-67125803，010-67113405（传真）
　　　　　印装质量热线：010-67113404
印　　刷　北京市中科印刷有限公司
经　　销　各地新华书店
版　　次　2015年1月第1版
印　　次　2015年1月第1次印刷
开　　本　850×1168　1/32
印　　张　3.5
字　　数　100千字
定　　价　22.00元

# 《青少年水环境知识读本》编委会

主　编：贾　峰

副主编：何家振　陈　瑶　牛玲娟　付　军

编　委（按姓氏笔划，排名不分先后）：

　　　　卢佳新　李鹏辉　张雅京　张亚楠　杨　俊

　　　　郑　妍　颜莹莹

# 前　言

　　水是生命之源，是包括人类在内所有生物的物质基础。"淡水是一种有限的脆弱资源"，虽然我们生活的地球表面大约70%被水所覆盖，但可供人类利用的淡水资源却不到3%。保护水资源问题早在1992年的国际水与环境大会得到认同，并在《21世纪议程》的第18章中被加以强调。在2002年约翰内斯堡世界可持续发展高峰会议上，水资源被确定为21世纪最主要的全球问题之一。

　　水资源的缺乏和水污染的加剧，是制约社会经济发展的重要因素，同时，由于水污染带来的健康问题，日益受到人们的重视。水资源的可持续利用是人类社会可持续发展的必要条件。因此，开展水环境教育是实施可持续发展教育的切入点和主要内容。2000年，联合国教科文组织总部世界水理念管理部水力工程师哈挪斯·博加迪指出：应当在中小学、幼儿园乃至大学里开展必要的教育，使人们树立正确的水理念，学会如何保护水这个最重要的资源。自1973年环境教育在我国开展以来，与水有关的教育内容一直是环境教育中不可或缺的重要内容。特别是，从20世纪70年代以来，许多环境教育工作者通过综合实践活动、学科渗透、主题班队会及丰富多彩的课外活动等方式开展了很多与水有关的环境教育的实践活动，在内容、方法等方面进行过不少研究，总结了很多以水为主题的环境教育教学优秀案例和活动实例，极大地推动了以水为主题的环境教育实践。然而，总体上看，目前在我国以水为主题的环境教育，仍缺乏比较系统的、专门的研究，面向公众的、普及性宣传教育活动仅限于以节水为主，水环境保护的内容明显不足，信息传播尚以传统媒体为主，缺乏公众参与的环境教育活动。

环境教育的最终目的是促进广大公众参与环保。水资源问题不应只是水行政部门能够解决的问题，它需要各个层次的公众广泛参与和积极响应，通过共同努力才能完成。面向青少年的水环境教育首先需要青少年参与到环境教育中来，有必要了解青少年在水环境教育学习上的需求是什么，水环境教育怎样针对性地开展才能更好地满足青少年的学习需求，从而进一步提高水环境教育的效果。基于以上认识，我们编写了《青少年水环境知识读本》一书，通过简单的文字配以图片，以期向青少年系统地介绍水环境知识，进而对有效开展以水为主题的环境宣传教育活动提供参考。

因编者水平有限，不当之处难免，敬请广大读者批评指正。

编　者

2014年9月

# 目录
## Contents

## 饮用水

# 污　水

# 中　水

# 基本知识

# 水的起源

从太空中看地球，我们居住的地球是一个椭圆形的，极为秀丽的蔚蓝色球体。水是地球表面数量最多的天然物质，它覆盖了地球表面70%以上。地球是一个名副其实的大水球。

也许有同学会问：这么多的水是从哪儿来的？地球上本来就有水吗？

地球刚刚诞生的时候，没有河流，也没有海洋，更没有生命，它的表面是干燥的，大气层中也很少有水分。

关于地球上水的起源有各种各样的假说，目前比较流行的观点认为，水来自于地球内部。

大约46亿年前，原始地球诞生。太阳系小星体运动过程中频繁发生碰撞，碰撞摩擦使原始地球始终处于炽热的熔融状态。高温作用下，地球内部化合态的水逐渐以水蒸气的形式逸出地表，它们被地球引力束缚，成为地球原始大气的一部分。随着小星体消失殆尽，撞击作用逐渐停止，地球温度开始下降，逐渐形成了原始的海洋、湖泊和河流。

# 水的重要性

同学们知道吗？

水分子的结构

水（化学式：H2O）是地球表面上最多的分子。一个水分子由两个氢原子分别和氧原子键合而成，三个原子形成 104.5 度角。室温下，它是无色，无味，透明的液体。除了以气体形式存在于大气中，其液体和固体形式占据了地面 70%~75% 的组成部分。标准状况下，水在液体和气体之间保持动态平衡。

水营养

人体内的水分，大约占到体重的 65%。其中，脑髓含水 75%，血液含水 83%，肌肉含水 76%，连坚硬的骨骼里也含水 22% 呢！

人体一旦缺水，后果是很严重的。缺水 1%~2%，感到渴；缺水 5%，口干舌燥，皮肤起皱，意识不清，甚至出现幻视；缺水 15%，往往甚于饥饿。没有食物，人可以活较长时间（有人估计为两个月），如果连水也没有，顶多能活一周左右。

## 水对气候的影响

水对气候具有调节作用。

大气中的水蒸气能吸收60%地球放出的红外线热辐射，使这些热量无法返回太空，形成温室效应，确保我们地球的表面不像火星那样寒冷。海洋和陆地水体在暑季能吸收和积累热量，使气温不致过高；在冬季则能缓慢地释放热量，使气温不致过低。

可以说，在水的帮助下，地球气温才能保持在人类居住的适应范围之内。

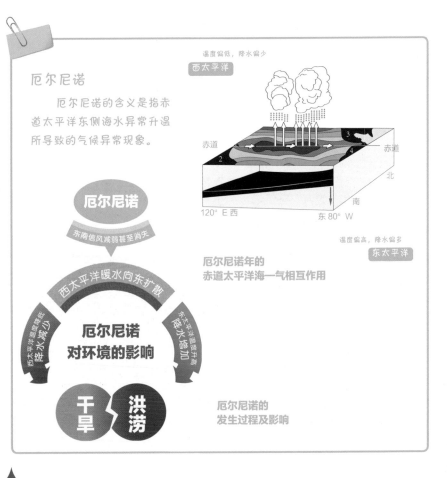

### 厄尔尼诺

厄尔尼诺的含义是指赤道太平洋东侧海水异常升温所导致的气候异常现象。

温度偏低，降水偏少
西太平洋

赤道
北
南
120° E 西　　　　东 80° W

温度偏高，降水偏多
东太平洋

厄尔尼诺年的
赤道太平洋海—气相互作用

厄尔尼诺
东南信风减弱甚至消失
西太平洋暖水向东扩散

西太平洋温度降低
降水减少

东太平洋温度升高
降水增加

厄尔尼诺
对环境的影响

干旱　洪涝

厄尔尼诺的
发生过程及影响

### 拉尼娜

"拉尼娜"又称"反厄尔尼诺",指赤道附近东太平洋水温反常下降的一种现象,表现为东太平洋明显变冷,同时也伴随着全球性气候混乱。拉尼娜现象几乎总是出现在厄尔尼诺现象之后。

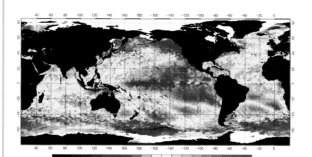

2008 年 1 月 17 日表层海水温度距平

拉尼娜的发生过程及影响

# 水的生理功能

1. 水是人体的重要组成部分
2. 水能促进食物消化
3. 水起着运输功能
4. 水能调节体温
5. 水有润滑作用
6. 水是许多物质的溶剂

同学们知道吗?

# 我们身边的水

江、河、湖、地下水等是制造自来水的水源，有时需要通过很长的管线输送到自来水厂进行处理。

自来水厂对来自天然的水进行处理后通过管道输送到城市各处。

污水经过处理后污染物得到净化，被重新排入自然水体。

使用过的水通过连接到每家每户的下水道管网，再经过泵站的提升，被送往污水处理厂，集中进行处理。

# 饼干中含水吗？

饼干、糖果、奶粉等食品的含水量
在 8% 以下

面包和馒头含水量在 40% 左右

肉类含水量在 70% 左右　　水果含水量在 80% 以上　　蔬菜含水量在 90% 以上

# 自来水常见现象

**发浑**

管道破裂，停水后重新供水过程中将沉积于管壁的颗粒物泛起导致。

**发白**

溶入的空气经压力作用分解成微小气泡，气压大导致发白。

**发黄**

管道锈蚀脱落形成，主要是铁氧化物和氢氧化物。

**发红**

管道内壁腐蚀形成铁锈，三价铁的化合物溶于水后表现为棕红色。

**发黑**

锰氧化后沉积于管壁上，在恢复供水或水流速度变化较快时剥离下来发生水变黑现象。

**水垢**

水在加热时，溶解的钙、镁离子与某些碳酸根离子形成不溶于水的化合物或混合物，从水中析出而形成的沉淀，即水垢。其主要成分是碳酸钙和氢氧化镁。

去除方法：用几勺醋放入水中，烧 1~2 小时，水垢容易去除。

# 不可不知的新型污染物
## —— 抗生素

## 环境中抗生素的来源有哪些?

自 1929 年青霉素被发现并用于临床以来,已有百余种抗生素得到开发利用,它们对治疗感染性疾病发挥了巨大作用,有效地保障了人类的生命和健康。另外,抗生素还被大量用于畜牧业和水产养殖业防治感染性疾病,并用作抗菌生长促进剂加快动物的生长。

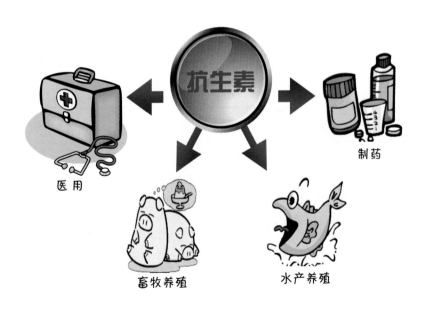

抗生素

医用

制药

畜牧养殖

水产养殖

## 抗生素污染的危害

　　近年来，抗生素对环境生态的影响已经引起学术界的广泛重视，关于水环境中残留抗生素的种类与含量的报道也越来越多。

　　抗生素本身对人体细胞无害，然而，滥用抗生素会导致病源细菌产生抗药性，诱导耐药菌株产生，从而使抗生素失去功效。在自然界，抗生素耐药因子可以通过多种途径在土壤、水、粪便、微生物、动植物和人之间相互传递，并且有些种类的抗生素属于难生物降解物质，在环境中累积将可能对环境生态造成严重危害，最终可能对人类的健康和生存造成不利影响。

# 浪费水资源现象严重

地球
"很受伤"

# 节水·小·常识

## 树立惜水意识

自来水来之不易。节水要从爱惜水做起，牢固地树立"节约水光荣，浪费水可耻"的信念，才能时时处处注意节水。

## 改掉不良习惯

需改掉的一些不良习惯：用抽水马桶冲掉烟头和碎细废物；洗手、洗脸、刷牙时，让水一直流着；睡觉之前，出门之前，不检查水龙头；设备漏水，不及时修好；停水期间，忘记关水龙头。

## 洗餐具节水

家里洗餐具，最好先用纸把餐具上的油污擦去，用热水洗一遍，最后再用温水或冷水冲洗干净。

## 用节水器具

　　采用节水器具很重要，也最有效。节水器具种类繁多，有节水型水箱、节水龙头、节水马桶等。从原理来说，有机械式（扳手、按钮的）和全自动（电、磁感应和红外线遥控）两类。

## 洗衣节水小窍门

（1）洗衣机洗少量衣服时，如果水位定得太高，衣服在高水里飘来飘去，互相之间缺少摩擦，反而洗不干净，还浪费水。

（2）衣服太少不洗，等多了以后集中起来洗，也是省水的办法。

（3）如果将漂洗的水留下来做下一批衣服洗涤水用，一次可以省下 30~40 升清水。

## 查漏塞流

　　要经常检查家中自来水管路。发现漏水，要及时请人或自己动手修理，堵塞流水。一时修不了的漏水，干脆用总阀门暂时控制水流也好。或者关小水龙头，把水龙头的水门拧小一半，漏水流量自然也小了，同样的时间里流失水量也减少一半。

## 一水多用

（1）洗脸水用后可以洗脚，然后冲厕所。
（2）家中应预备一个收集废水的容器（桶、盆等），它完全可以保证冲厕所需要的水量。
（3）淘米水、煮过面条的水，用来洗碗筷，去油又节水。
（4）养鱼的水浇花，能促进花木生长。

# 国家节水标志

同学们对"国家节水标志"有了解吗？

国家节水标志

"国家节水标志"由水滴、手掌和地球变形而成。绿色的圆形代表地球，象征节约用水是保护地球生态的重要措施。标志留白部分像一只手托起一滴水，手是拼音字母JS的变形，寓意节水，表示节水需要公众参与，鼓励人们从自身做起，人人动手节约每一滴水，手又像一条蜿蜒的河流，象征滴水汇成江河。

"国家节水标志"既是节水的宣传形象标志，同时也作为节水型用水器具的标识。对通过相关标准衡量、节水设备检测和专家委员会评定的用水器具，予以授权使用和推荐。

16

# 世界各国节水趣事

　　地处半沙漠的以色列，人均水资源仅有285立方米，每年有8个月需要灌溉，而水源仅够满足其1/5用量。1948年开始，以色列大力推行节水农业，制定和实施了严格的法规，采用管道输水，通过自动化的滴灌系统，保证供给农作物适时、适量的水和精确的肥料，以色列农民将此比喻为"用茶勺喂庄稼"，终于以同样的耗水量使农业产值增长了12倍。2010年，它们用于灌溉的淡水量，从早前的11亿立方米下降到5亿立方米，其余由处理后的工业废水来代替。

中国用盆接水洗菜

　　用盆接水洗菜代替直接冲洗，每户每年约可节水1.64吨，同时减少等量污水排放，相应减排二氧化碳0.74千克。如果全国1.8亿户城镇家庭都这么做，那么每年可节能5.1万吨标准煤，减少二氧化碳排放13.6万吨。

## 新加坡节水税

新加坡是世界上严重缺水的国家之一，所以十分重视节水工作，制定有严格的法规政策。在新加坡，不仅工业的水价高于家庭用水价，而且工厂用水超过计划定额时，要征收 15% 的节水税。

## 洛杉矶儿童 "节水副市长"

美国洛杉矶市长为了宣传节水，曾动员 100 人作节水报告 188 次，并让 7 万名中学生看节水电影。纽约市长在 1981 年水源紧张时别开生面地发出一个特别的号召：委派全市儿童都担任纽约市的 "副市长"，协助市长监督他们的父母和兄弟姐妹节约用水。

## 澳大利亚——规定清晨浇草坪

澳大利亚政府要求尽量减少用水时无故流失，包括蒸发浪费。比如要求居民在清晨浇灌草坪、给室外游泳池加盖等，另外还充分利用湿地和潟湖等自然环境蓄集降水和过滤污水，既节省水资源，又保护环境。

# 生活节水小活动

活动 1：   个人用水情况记录

自制一个表格来记录一下你每天所用的水量，看看你本人每天的用水量大约是多少升，包括饮用水（各种）、洗漱用水等。

活动 2：   家庭中的用水情况调查

记录一下

调查一下自己家中日常生活用水情况。以淘米为例，假定每天做两次米饭，每次 500 克米，需要淘洗 3 遍，每淘洗一遍需用水 2 千克，算一算你的家庭每天淘米需用多少水，你们班、你们学校的全体学生的家庭合计用多少水。

调查一下淘米水的去处。淘米水还可以做什么用？家庭中有哪些节水的办法？计算一下可以节约多少水？

活动 3：   日常生活中浪费水的情况

调查注意自己周围浪费水的现象，例如，家里或学校的水龙头有没有漏水的现象？假如滴漏一小时浪费水多少千克，计算一下一天、一个月、一年会浪费多少水？

活动 4：   生活用水的污染

调查一下自己生活周围有没有污染水源的现象，如对引水渠或地下水的污染？

基本知识

活动 5 ： 生活水平提高与用水量增加

请家长给你讲讲家庭生活中的重大变化，看看哪些变化与用水量的变化有关。

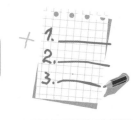

活动 6 ： 讨论

通过阅读资料和上述活动，写一篇简短的报告，说说你对节约用水和保护水资源的看法，并在讨论会上发言。可以思考下列问题：

▲ 水是"取之不尽，用之不竭"的吗？

▲ 你的生活中或你周围有哪些浪费水的现象？

▲ 在节约用水和保护水源方面，你可以做些什么？

● 例如，如果你看到有人浪费水，你会怎么办？

● 是不是为了节水就不用洗衣机了？

### 记录一下，你的节水小活动吧！

# 天然水

# 天然水的种类

天然水是构成地球表面各种形态的水体总称。包括江河、海洋、冰川、湖泊、沼泽等地表水以及土壤、岩石层内的地下水等天然水体。

> 大家好！我是来自大自然的一个普通小水滴。相信大家对我并不陌生。我就在你们身边，时刻陪伴着大家，为你们的生产和生活服务呦！

# 生命的源泉

水是生命之源，孕育和维持着地球上的全部生命。水是生物生存所需的最基本物质之一，是构成人体的重要成分，如血液、淋巴液以及身体的分泌物等都与水有关，水约占成人体重的 60%~70%。水是庄稼的命根子，是工业的血液，水是不可替代的物质，水是日常生活所必需的。如果没有水，人类社会就无法存在。生产 1 吨钢需水 100 吨，浇灌 1 公顷水稻需水 18000 吨。一座发电能力为 100 万千瓦的火力发电厂，每年需要上亿吨的淡水。试想想，如果没有水世界将变成什么样子呢？

养育多姿的生物

支撑繁荣的工业

灌溉肥沃的农田

构建美丽的景观

# 自然界的水循环

水循环维持着整个地球上水的更新和动态平衡

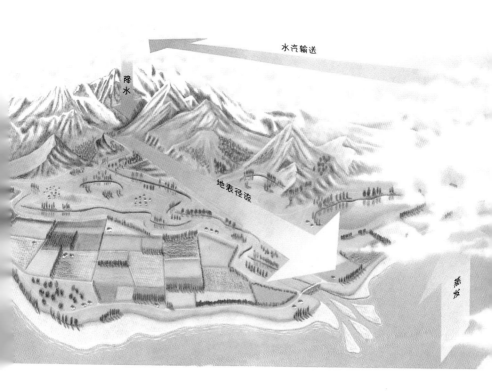

水危机已经严重制约了人类的可持续发展。人类的不合理利用也造成水资源的萎缩。过度用水、水污染造成湖泊、河流、湿地和地下含水层的淡水系统的破坏，已经给人类带来严重后果。

最近，我遇到了很麻烦的事情。我对人类那么好，可他们却不知道珍惜、善待我，好伤心啊，呜呜!

污染触目惊心

干旱威胁世界

所幸的是，人们已经认识到了自己的错误，各国纷纷出台保护水环境的政策和法律。很多环境学家正在辛勤的工作，而且已经取得了很多的成果呢。

应急抢险水处理车

天然水

# 干渴的世界和中国

目前，全球 8.84 亿人缺乏安全饮用水。到 2025 年，严重缺水人数将达到 13 亿；极度缺水人数将达到 10 亿。

地球表面 2/3 被水覆盖

海水 97.5%

水总储量

淡水 2.5%

人类实际可利用淡水 13%

人类不可利用淡水 87%

从太空上看，地球是一个蓝色的大水球，十分璀灿。她71%的表面积被水占着。她拥有的水量非常巨大，总量为13.86亿立方千米。其中，96.5%在海洋里；1.76%在冰川、冻土、雪盖中，是固体状态；1.7%在地下；余下的，分散在湖泊、江河、大气和生物体中。

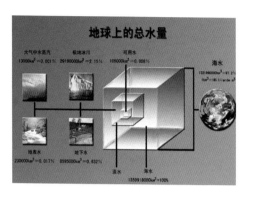

大家知道了我的重要性，那知道我在自然界中有多大的量吗？

地球上的水，尽管数量巨大，但能直接被人们生产和生活利用的，却少得可怜。首先，海水又咸又苦，不能饮用，不能浇地，也难以用于工业。其次，淡水只占总水量的2.5%左右，其中的绝大部分（占99.23%），被冻结在远离人类的南北两极和冻土中，无法利用，只有不到0.77%的淡水，它们散布在湖泊里、江河中和地底下。与全世界总水体比较起来，淡水量真如九牛一毛。

# 中国天然水资源

说到中国，大家可能会想到地大物博。其实不是这样的。先来看一下我国水资源的整体情况吧。

## 我国水资源的现状

数量状况：总量大，人均小。

分布状况：空间分布不均，时间分配不均。

利用状况：用量猛增，污染猛增，浪费严重。

我国是个相当缺水的国家。

中国是一个干旱缺水严重的国家。淡水资源总量为 28000 亿立方米，占全球水资源的 6%，居世界第六位，但人均只有 2100 立方米，仅为世界平均水平的 1 / 4、美国的 1 / 5，在世界上名列 110 位，是全球 13 个人均水资源最贫乏的国家之一。中国人均可利用水资源量约为 900 立方米，并且其分布极不均衡。全国城市缺水总量为 60 亿立方米。

暂不缺水
150 座
23%

严重缺水
110 座
17%

缺水
400 座
60%

中国缺水城市比例

中国水资源分布的极度不平衡也是很要命的呦！

长江流域及其以南地区国土面积只占全国的36.5%，其水资源量占全国的81%；淮河流域及其以北地区的国土面积占全国的63.5%，其水资源量仅占全国水资源总量的19%。

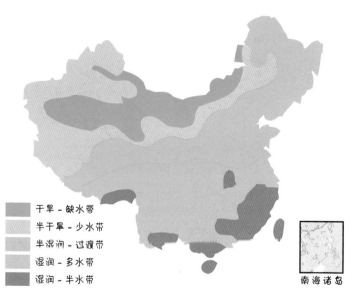

干旱 - 缺水带

半干旱 - 少水带

半湿润 - 过渡带

湿润 - 多水带

湿润 - 半水带

南海诸岛

中国水资源分布图

在中国，虽然我很短缺，可是人们却不知珍惜。看右边的照片，我好害怕呀！！！

节约身边每一滴水

　　我国降水量受海陆分布和地形等因素的影响，在地区上分布很不平衡，年降水量和径流量都由东南沿海向西北内陆递减。水资源的地区分布与人口和耕地的分布很不适应，南方耕地面积只占全国的 35.9%，但水资源却占总量的 81%，北方黄河、淮河、海河、辽河四大流域片的耕地多、人口密，淡水资源量只有全国的 19%。

# 北京天然水资源

提起祖国的首都北京，很多市民对她过去的印象是：到处是绿荫，"水皮浅"，水源丰富，空气中充满着槐树的花香。而现在的北京市已是遍地水泥混凝土覆盖，高楼大厦连成一片，绿树稀少而且水源匮乏。目前，北京市水资源、水环境的主要问题是：

- （1）水资源供需矛盾加剧，地表水严重不足
- （2）城市河湖水污染严重
- （3）地下水严重超采
- （4）水生态系统不健康

北京水系图

北京市缺水非常严重啊!

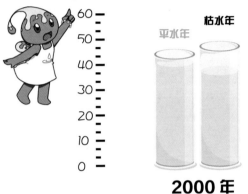

北京市水资源供需总量

北京市水资源一直处于供不应求的状态,且缺水量呈增大趋势,缺水状况日益严重。

**生活废水**
**130 985 万吨**

**工业废水**
**排放量**
**9 190 万吨**

2012 年北京市污水比例

污染也相当严重！

除 1964 年外，北京市地下水储存变化量长期是负值，即消耗量大于补给量，地下水长时间处于亏损状态。

北京市地面沉降主要分布在城区的东部和东北部。八里庄一大郊亭一带沉降幅度最大，沉降点最大累积幅度达 922 毫米。

地下水严重超采

**地下水严重超采引起的主要问题：**

① 地面沉降

② 水井供水衰减或报废

③ 水质变差

怎么办！

**专家支招：**

观念转变：实现由供给管理向需求管理转变

调整结构：向节水防污高效产业结构迈进

开源：雨水利用和污水资源化

节流：定额管理和减少浪费

经济杠杆：建立科学的水价体系

　　北京水资源开发利用达到了自然更新的极限，建设节水型城市已是当务之急！

# 天然水是怎样变脏的？

清澈的黄河源头水

水宝宝刚出生时，可是非常纯净的呀。可后来怎么变脏了呢？

　　纯净的雪域高原孕育出了清澈的黄河源水，但是大量的生活污水、农药化肥以及工业废水的排入，再加上植被被破坏导致的严重的水土流失使得滔滔的水流已不再清澈。

　　工厂的黑烟不仅将云彩染黑，雨水污染，就连江水也被工厂排放的废水中所含的有毒物质变成毒水。

江水已成毒水，人们欲哭无泪

地球上最后一滴净水，难道真是人类的眼泪？

# 冰川消融，后果堪忧！

冰川是一种巨大的流动固体，在高寒地区由雪再结晶聚积成巨大的冰川冰，重力作用使冰川冰流动，成为冰川。冰川覆盖着近 10% 的地球陆地表面，若将冰川的体积换成水量，除海水之外，占地球上所有水量的 97.8%。

南极的冰川

全球气候变暖是最近 50 年冰川消融加快的主要原因。

冰川消融威胁人类社会的食物供应、居住环境及可持续发展。

我国孕育了中华文明的冰川近 40 年也呈现出加速消融的迹象，冰川面积平均减少了近 7%，面积缩小了 3248 平方千米，冰川储量减少相当于各冰川厚度年平均减薄了 6.5 米。

我们的母亲河长江和黄河发源于冰川，河西走廊的绿洲依靠祁连山冰川融水哺育。冰川融水涓涓细流，汇成江河，奔泻千里，构成了我国主要的水系。

西藏米堆雪山上的冰川

# 河流

　　河流常是指陆地河流，由一定区域内地表水和地下水补给，经常或间歇地沿着狭长凹地流动的水流。河流一般是在高山地方作源头，然后沿地势向下流，一直流入像湖泊或海洋般的终点。河流是地球上水文循环的重要路径，是泥沙、盐类和化学元素等进入湖泊、海洋的通道。

　　中国境内的河流，仅流域面积在 1000 平方千米以上的就有 1500 多条。全国径流总量达 27000 多亿立方米，相当于全球径流总量的 5.8%。

# 河流污染

　　河流污染是指直接或间接排入河流的污染物造成河水水质恶化。河流污染危害大。河水是主要的饮用水源，污染物通过饮水可直接毒害人体，也可通过食物链和灌溉农田间接危及人身健康。

　　环境保护部通报 2012 年全国环境质量概况中显示我国珠江、西南诸河和西北诸河水质为优，长江和浙闽片河流水质良好，黄河、松花江、淮河和辽河为轻度污染，海河为中度污染。支流污染普遍重于干流，支流 I ~ III 类水质断面比例比干流低 9.7 个百分点，劣 V 类水质断面比例比干流高 7.5 个百分点。海河高锰酸盐指数平均浓度劣于 III 类水质标准，海河、黄河和辽河氨氮平均浓度劣于 III 类水质标准。

# 生命的湖泊生命的歌

那一湾纯净的湖水，向蓝天高唱着生命之歌

　　湖泊是陆地上洼地积水形成的、水域比较宽广、环流缓慢的水体。在地壳构造运动、冰川作用、河流冲淤等地质作用下，地表形成许多凹地，积水成湖。

　　湖泊因其换流异常缓慢而不同于河流，又因与大洋不发生直接联系而不同于海。在流域自然地理条件影响下，湖泊的湖盆、湖水和水中物质相互作用，相互制约，使湖泊不断演变。

# 中国湖泊之痛

目前我国湖泊生态总体形势严峻，突出表现为东部湖泊水质污染严重，西部湖泊水量衰竭。

干涸的玉龙山高山湖泊

在所有的自然生态系统中，湖泊是最脆弱和最难恢复的系统之一！

巢湖的富营养化现状

# 水环境治理与生态修复

水环境治理与生态修复技术分三种方法：物理法、化学法、生物／生态法。其中生物／生态法是对自然生态恢复最好的方法。

上海金山区朱泾河城镇水生态系统

治理水体富营养化

## 小·知识

水华就是淡水水体中藻类大量繁殖的一种自然生态现象，是水体富营养化的一种特征，主要由于生活及工农业生产中含有大量氮、磷的废污水进入水体后，蓝藻（严格意义上应称为蓝细菌）、绿藻、硅藻等藻类成为水体中的优势种群，大量繁殖后使水体呈现蓝色或绿色的一种现象。也有部分的水华现象是由浮游动物——腰鞭毛虫引起的。

"水华"现象在我国古代历史上就有记载。另外，海水中出现此现象（一般呈红色）则为赤潮。

# 湿地——地球之肾

湿地是位于陆生生态系统和水生生态系统之间的过渡性地带，在土壤浸泡在水中的特定环境下，生长着很多湿地的特征植物。湿地广泛分布于世界各地，拥有众多野生动植物资源，是重要的生态系统。很多珍稀水禽的繁殖和迁徙离不开湿地，因此湿地被称为"鸟类的乐园"。湿地强大的的生态净化作用，因而又有"地球之肾"的美名。湿地是地球上有着多功能的、富有生物多样性的生态系统，是人类最重要的生存环境之一。

湖南省汉寿县西洞庭湖湿地

## 中国湿地的种类
① 沼泽湿地
② 湖泊湿地
③ 河流湿地
④ 浅海、滩涂湿地
⑤ 人工湿地

黄河首曲最大生态湿地——玛曲大草原

# 我国湿地保护现状与不足

　　为履行公约和协定，我国政府做了不懈的努力，不断加强水污染防治，特别是近年来对淮河、海河、辽河、滇池、巢湖和太湖进行重点治理，为保护湿地良好水质发挥了重要作用。

被圈占的湿地

## 不足

1. 湿地保护法律法规缺乏系统性和完整性
2. 湿地管理部门间关系不明确及缺乏协调机制
3. 执法力度不够
4. 资金投入不足
5. 公众湿地保护意识淡薄

记录一下吧

# 地下水

地下水，是储存于包气带以下地层空隙，包括岩石孔隙、裂隙和溶洞之中的水。地下水是水资源的重要组成部分，由于水量稳定，水质好，是农业灌溉、工矿和城市的重要水源之一。但在一定条件下，地下水的变化也会引起沼泽化、盐渍化、滑坡、地面沉降等不利自然现象。

地下水是一个庞大的家庭。据估算，全世界的地下水总量多达 1.5 亿立方千米，几乎占地球总水量的十分之一，比整个大西洋的水量还要多！

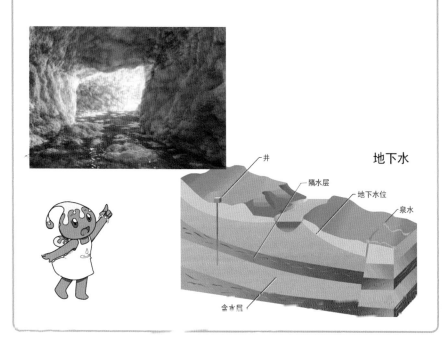

地下水

井　隔水层　地下水位　泉水

含水层

天然水

# 地下水资源分布

我国地下水资源地域分布不均。据调查，全国地下水资源量多年平均为8218亿立方米，其中，北方地区（占全国总面积的64%）地下水资源量2458亿立方米，约占全国地下水资源量的30%；南方地区（占全国总面积的36%）地下水资源量5760亿立方米，约占全国地下水资源量的70%。总体上，全国地下水资源量由东南向西北逐渐降低。

——《全国地下水污染防治规划（2011—2020年）》

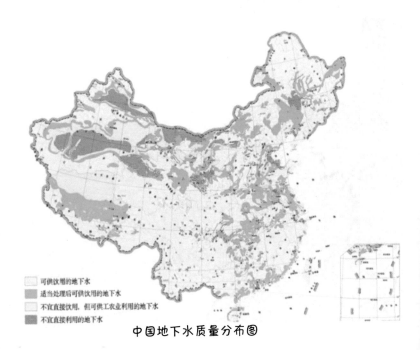

可供饮用的地下水
适当处理后可供饮用的地下水
不宜直接饮用，但可供工农业利用的地下水
不宜直接利用的地下水

中国地下水质量分布图

# 地下水短缺导致地面沉降

　　近几十年来，随着我国经济社会的快速发展，地下水资源开发利用量呈迅速增长态势，到 2009 年地下水开采总量已达 1098 亿立方米，占全国总供水量的 18%。北方地区 65% 的生活用水、50% 的工业用水和 33% 的农业灌溉用水来自地下水。全国 655 个城市中，400 多个以地下水为饮用水源，约占城市总数的 61%。地下水资源的长期过量开采，导致全国部分区域地下水水位持续下降。2009 年共监测全国地下水降落漏斗 240 个，其中浅层地下水降落漏斗 115 个，深层地下水降落漏斗 125 个。华北平原东部深层承压地下水水位降落漏斗面积达 7 万多平方千米，部分城市地下水水位累计下降达 30~50 米，局部地区累计水位下降超过 100 米。

　　　　——《全国地下水污染防治规划（2011—2020 年）》

 天然水

# 地下水污染

　　地下水污染主要指人类活动引起地下水化学成分、物理性质和生物学特性发生改变而使质量下降的现象。地表以下地层复杂，地下水流动极其缓慢，因此，地下水污染具有过程缓慢、不易发现和难以治理的特点。地下水一旦受到污染，即使彻底消除其污染源，也得十几年，甚至几十年才能使水质复原。至于要进行人工的地下含水层的更新，问题就更复杂了。

1. ____
2. ____
3. ____

# 地下水污染的治理方法

地下水处理原理是通过将污染的水资源从地下抽取上来并在地面进行有效处理。

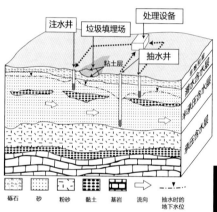

注水井　垃圾填埋场　处理设备

粘土层　抽水井

潜水含水层　半承压含水层　承压含水层

砾石　砂　粉砂　黏土　基岩　流向　抽水时的地下水位

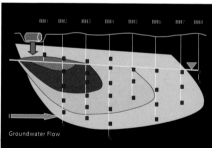

## 监测自然衰减修复技术

在地下水治理过程中根据设定的治理目标利用控制检测技术对地下水的修复过程进行检测与评价被称为监测自然衰减修复技术。

## 原位修复技术

3

　　具有代表性的原位修复技术包括渗透性反应墙修复技术、空气注入修复技术、多相抽提修复技术、原位化学修复技术以及原位生物修复技术、植物修复技术以及多种地下水污染治理方法进行结合的修复技术等。

渗透性反应墙修复技术

# 饮用水

饮用水

# 瓶装饮用水的种类

这些市面上的瓶装饮用水有什么区别啊？

## 纯净水

　　包括蒸馏水、去离子水、太空水等，纯净水以符合生活饮用水卫生标准的水为原水，采用蒸馏法、去离子法或离子交换法、反渗透法及其它适当的加工方法制得的，密封于容器中，不含任何添加物，可直接饮用的水。加工过程中在去除水中悬浮物细菌等有害物质的同时，也将水中含有的人体所需要的矿物质一并去除了，属于纯水状态。

## 矿物质水

　　矿物质水是人工合成的水，也有人称它为仿矿泉水，是在饮用纯净水中加入适量的人工矿物质盐试剂制成的。

## 泉 水

包括山泉水、地下泉水、淡水湖、人工湖中深层而没有被污染的水，泉水中含有少量的矿物质元素，水源广，只要没有受污染，有害物质不超标的水都可以叫泉水。

## 天然矿泉水

天然矿泉水是在地下几百米至上千米深处，在地下经过几十年乃至几千年过滤循环涌出或抽出来的地下水源，它没有受到任何污染，含有丰富的人体需要的微量元素，PH值指标符合人体的需要，要达到天然矿泉水的标准，必须要经过国家相关部门严格检测和专家论证。

### 小·知识

PH是溶液中氢离子活度的一种标度，也就是通常意义上溶液酸碱程度的衡量标准。PH值越趋向于0表示溶液酸性越强，反之，越趋向于14表示溶液碱性越强，在常温下，PH=7的溶液为中性溶液。

# 城市水循环过程

## 自来水净水原理

通常地表水中都带有诸如藻类、腐殖质、泥沙之类轻微颗粒。通过投加絮凝剂，可使水中呈胶体状态存在的污染物互相凝聚，形成大而重的絮凝体，以利于在重力作用下在沉淀池中去除；通过投加氯来杀灭水中致病微生物。

# 自来水净水流程

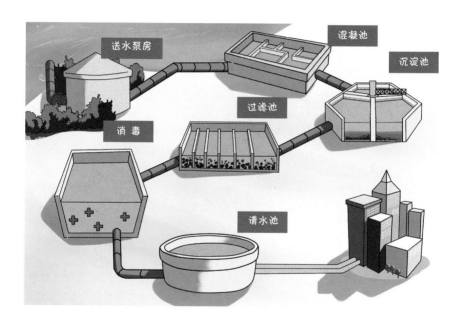

送水泵房　混凝池　沉淀池　过滤池　消毒　清水池

城市的水循环包括自然循环系统和人工循环系统两部分，自然循环是指蒸发、降水、储留（湖泊）、地表径流（河流）、下渗、地下水流等构成的循环系统，人工水循环系统是由城市给水（河流引水系统和地下水开采系统）、用水、排水（雨水排水和污水排水等下水道系统）和处理系统组成的循环系统。

自来水厂通过取水泵站从水源地（江河湖泊及地下水等）汲取源水，经过沉淀、消毒、过滤等处理工艺后生产出符合国家饮用水标准的生活和生产用水，通过配水泵站输送到各个用户。

城市污水由城市排水管网汇集并输送到污水处理厂进行处理，处理达标后的污水排入江河湖海。一部分城市污水经处理设施深度净化处理后的水，统称"中水"。其水质介于自来水与排入管道内污水之间，可用于冲厕、浇洒绿地、冲洗道路等。

# 管网输配水质变化

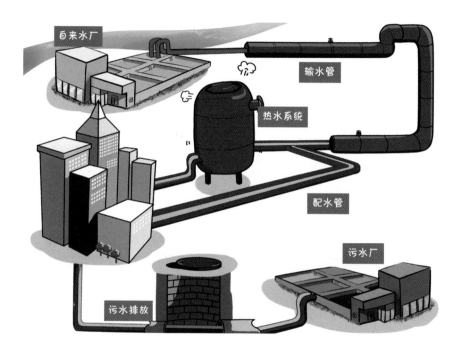

自来水厂

输水管

热水系统

配水管

污水厂

污水排放

## 改善管网水质的主要措施

● 提高出厂水水质和稳定性，严格控制浊度超标。

● 更新或改造供水管道系统，管材选择、设计施工、维护管理等
方面改进完善。

● 合理消毒。

饮用水

# 管网漏失

## 水量严重损失与水资源大量浪费

　　2010 年《中国城乡建设统计年鉴》显示，2009 年我国城市供水漏损水量高达 60 亿立方米。60 亿立方米的漏损水量相当于海南、江西、福建、浙江四省一年城市供水量的总和。

水质安全风险

"爆管"事故频发干扰正常生活

水像血液一样珍贵！

在日常生活，如果我们发现有管网漏失事件，一定要及时报警，这是我们每个人的义务哦！

# 饮用水污染危害

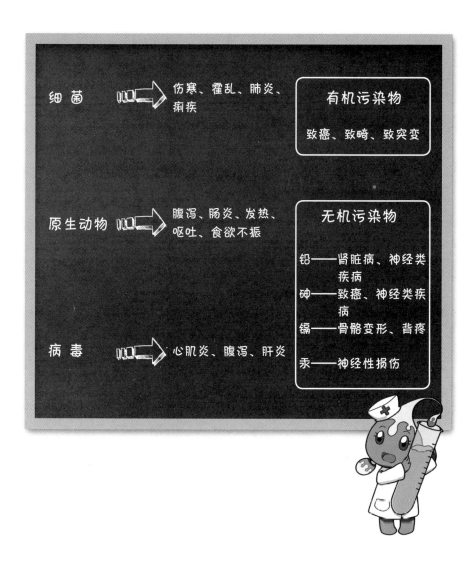

细菌 ⟹ 伤寒、霍乱、肺炎、痢疾

原生动物 ⟹ 腹泻、肠炎、发热、呕吐、食欲不振

病毒 ⟹ 心肌炎、腹泻、肝炎

**有机污染物**

致癌、致畸、致突变

**无机污染物**

铅——肾脏病、神经类疾病

砷——致癌、神经类疾病

镉——骨骼变形、背疼

汞——神经性损伤

# 持久性有机污染物（POPs）

持久性有机污染物（PERSISTENT ORGANIC POLLUTANTS，简称POPs）指的是持久存在于环境中，具有很长的半衰期，且能通过食物网积聚，并对人类健康及环境造成不利影响的有机化学物质。持久性有机污染物具有强毒性、难降解、生物富集和生物放大、长距离迁移性等特征。

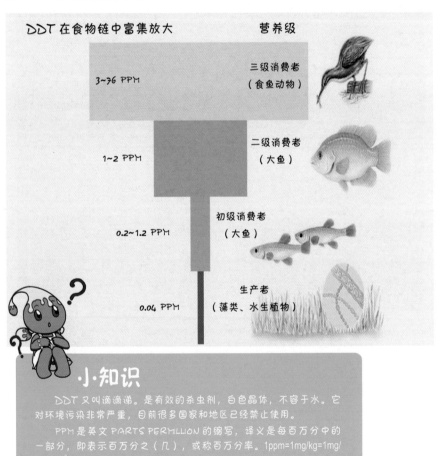

DDT在食物链中富集放大　营养级

3~76 PPM　三级消费者（食鱼动物）

1~2 PPM　二级消费者（大鱼）

0.2~1.2 PPM　初级消费者（大鱼）

0.04 PPM　生产者（藻类、水生植物）

## 小知识

DDT又叫滴滴涕。是有效的杀虫剂，白色晶体，不容于水。它对环境污染非常严重，目前很多国家和地区已经禁止使用。

PPM是英文PARTS PERMILLION的缩写，译义是每百万分中的一部分，即表示百万分之（几），或称百万分率。1ppm=1mg/kg=1mg/L=1×10⁻⁶。

# 轮状病毒

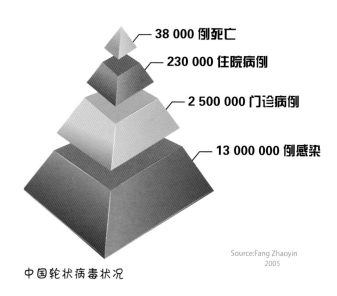

- 38 000 例死亡
- 230 000 住院病例
- 2 500 000 门诊病例
- 13 000 000 例感染

中国轮状病毒状况

轮状病毒是儿童重症腹泻的最主要病原体之一。每年全球约有90万儿童死于轮状病毒腹泻，其中绝大部分在发展中国家。我国腹泻住院儿童中40%以上是轮状病毒所致。我国儿童3岁以前几乎都被感染过，多数要发病看医生或住院治疗，医疗费用和家长的误工陪护造成社会的巨大经济负担，每年全国约损失8个亿，这还不包括儿童死亡的损失和疾病所致的许多无形费用。我国轮状病毒死亡数估计每年约38 000~47 000。

第一次北京国际轮状病毒疫苗研讨会

(2005.7.15 7.17)

# 轮状病毒的传播

## 轮状病毒的传染源

◆ 病人和隐形感染者

◆ 动物

## 轮状病毒的传播途径

◆ 口途径

◆ 粪途径

　主要通过食用污染的水和食物以及接触污染的表面感染

污染的水源和食物是导致轮状病毒疾病爆发的最主要途径

## 轮状病毒通常会引起腹泻及脱水

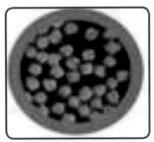

轮状病毒剖面图

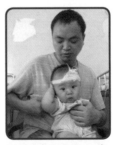

感染轮状病毒儿童

# 隐孢子虫与贾第鞭毛虫

隐孢子虫病和贾第鞭毛虫病是什么？

隐孢子虫病是由一种叫微小隐孢子虫（CRYPTOSPORIDIUM PARVUM）所引起的传染病，而其他品种的隐孢子虫亦偶然会引起此病。病症通常于感染后7天左右出现，包括腹痛、水泻、呕吐及发热。免疫系统有问题的患者如受感染，病情可能非常严重，甚至威胁生命。

蓝氏贾第鞭毛虫（GIARDIA LAMBLIA STILE, 1915，亦称 G. INTESTINALIS 或 G.DUODENALIS，简称贾第虫）是一种呈全球性分布的寄生性肠道原虫，主要寄生于人和某些哺乳动物的小肠，引起以腹泻和消化不良为主要症状的蓝氏贾第鞭毛虫病（GIARDIASIS，简称贾第虫病）。寄居于十二指肠内的滋养体偶可侵犯胆道系统造成炎性病变。

右图中大的（约10微米）是蓝氏贾第虫鞭毛虫卵；小的（约5微米）是微小隐孢子虫卵。

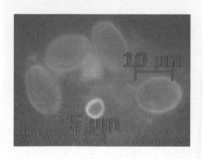

隐孢子虫和蓝氏贾第鞭毛虫虫卵只有在人及哺乳动物的肠道里才能够生长成为虫体。

传染源：为粪便内含有包囊的带虫者或患者。

传播途径：人饮用被包囊污染的食物或水而感染。蝇、蟑螂等昆虫可能成为传播媒介。

隐孢子虫病是怎样传播的？

最为严重的一次发生于 1993 年美国威斯康星州，由于当地自来水水源被隐孢子虫卵囊污染导致隐孢子虫病暴发，造成 161 万人口的城市中有 40.3 万人感染，至少 70 人死亡。

### 小·知识

微米（UM），是长度单位。1 毫米（MM）=1000 微米（UM）=1000000 纳米（NM）。

怎样预防隐孢子虫病？

现在还没有预防疫苗。旅游时应注意食物及个人卫生。加入水中的碘或氯不能有效地消灭隐孢子虫卵。最有效的方法是把水煮沸再饮用。

# 水源嗅和味

对所取污染水源水样藻类进行镜检，发现微囊藻占绝对优势（95%以上），同时有少量的颤藻、针杆藻、小球藻以及直链藻等。

颤藻

针对 2007 年 5 月底太湖蓝藻积聚暴发而使得水源水质恶化，导致城区出现大范围自来水发臭的问题，科学家对造成此次突发事件的污染水源、取水口原水和用户终端水进行了采样分析，对主要的致嗅物质、藻毒素的浓度水平、遗传毒性指标及消毒副产物进行了综合评价。

● 这次饮用水嗅味事件主要是由以二甲基三硫为主的硫醚类化合物引起的，可能是水华暴发后聚集的大量藻体的厌氧腐败造成的。但是，在硫醚类物质消减后，藻类分泌物 MIB 等形成的嗅味值得关注。

● 藻毒素分析结果表明，原水中藻毒素含量和消毒副产物浓度远低于国家标准，外来化学品导致的遗传毒性水平也很低。

● 鉴于太湖总体上为富营养化水体，随时有暴发蓝藻水华的可能性，建议有关部门建立定期监测嗅味物质和藻毒素的制度，以确保饮用水的安全。

# 重金属及重金属污染

密度在 5 以上的金属统称为重金属，如金、银、铜、铅、锌、镍、钴、镉、铬和汞等 45 种。

从环境污染方面所说的重金属，实际上主要是指汞、镉、铅、铬以及类金属砷等生物毒性显著的重金属，也指具有一定毒性的一般重金属如锌、铜、钴、镍、锡等。目前最引起人们注意的是汞、镉、铬等。重金属随废水排出时，即使浓度很小，也可能造成危害。由重金属造成的环境污染称为重金属污染。

重金属污染与其他有机化合物的污染不同。不少有机化合物可以通过自然界本身物理的、化学的或生物的净化，使有害性降低或解除。而重金属具有富集性，很难在环境中降解。目前我国由于在重金属的开采、冶炼、加工过程中，造成不少重金属如铅、汞、镉、钴等进入大气、水、土壤引起严重的环境污染。

重金属污染

**重金属污染的特点表现在以下几方面：**

(1) 水体中的某些重金属可在微生物作用下转化为毒性更强的金属化合物，如汞的甲基化作用就是其中典型例子。

(2) 生物从环境中摄取重金属可以经过食物链的生物放大作用，在较高级生物体内成千万倍地富集起来，然后通过食物进入人体，在人体的某些器官中积蓄起来造成慢性中毒，危害人体健康。

(3) 在天然水体中只要有微量重金属即可产生毒性效应，一般重金属产生毒性的范围大约在 1~10 毫克／升之间，毒性较强的金属如汞、镉等产生毒性的质量浓度范围在 0.01-0.001 毫克／升之间。

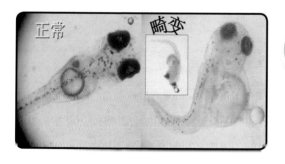

好可怕！

# 重金属污染事件

## 骨痛病

镉是人体不需要的元素。日本富山县的一些铅锌矿在采矿和冶炼中排放废水，废水在河流中积累了重金属"镉"。人长期饮用这样的河水，食用浇灌含镉河水生产的稻谷，就会得"骨痛病"。病人骨骼严重畸形、剧痛，身长缩短，骨脆易折。

## 水俣病

在各种汞和汞化合物中，甲基汞的毒性最大，是无机汞的数百倍，是一种经充分证实的神经毒剂，特别是可能对脑的发育产生不良影响。

日本熊本县水俣镇一家氮肥公司排放的废水中含有汞，这些废水排入海湾后经过某些生物的转化，形成甲基汞。这些汞在海水、底泥和鱼类中富集，又经过食物链使人中毒。当时，最先发病的是爱吃鱼的猫。中毒后的猫发疯痉挛，纷纷跳海自杀。没有几年，水俣地区连猫的踪影都不见了。1956年，出现了与猫的症状相似的病人。因为开始病因不清，所以用当地地名命名。1991年，日本环境厅公布的中毒病人仍有2 248人，其中1 004人死亡。

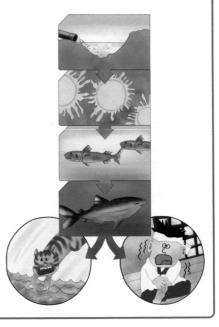

1.
2.
3.

## 铅中毒

与最常见的低水平暴露相比，暴露于高剂量水平的铅中，可以对儿童产生破坏性的影响，包括癫痫、意识不清，并且，在某些情况下可能会导致死亡。

重要的是要知道即使暴露于低剂量的铅中，也可以对儿童产生永久的影响。在低剂量水平下，铅可以导致：

- 使成长和发育变缓
- 损害听力和语言能力
- 导致行为问题
- 难以集中注意力学习等

铅中毒的危害有哪些？

儿童特别容易处于铅暴露中，铅对于成人也是危险的，高剂量水平的铅可以导致：

- 增加妊娠期患病的可能性
- 对胎儿产生损害，包括大脑损伤或死亡
- 生育问题
- 高血压
- 消化问题
- 神经疾病
- 记忆力和注意力问题
- 肌肉和关节疼痛

# 砷中毒症状

## 砷中毒

　　慢性砷中毒会使手脚掌的皮肤角化、变硬，身体的皮肤色素沉着或脱失。同时，它会造成脑神经和周围神经损伤，包括视神经萎缩、听力下降、嗅觉降低。医学研究表明：人体摄入高砷会影响呼吸系统，导致咳嗽、胸闷、胸痛、慢性气管炎和肺结核等。其他症状还包括由末梢血流减慢引起的手脚发凉，以及肢端坏死等。

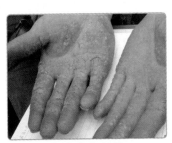

皮肤硬化发黄

### 氟骨症

　　在水体中，当氟含量大于1.0毫克/升时，称为氟超标，也称高氟水。地方性氟中毒是因为人们生活在这种高氟环境中，长期过量摄入氟引起机体慢性中毒的改变，主要影响人体的硬组织，包括牙齿、骨骼，对其他一些软组织也有损伤，当然临床表现最明显的还是氟斑牙和氟骨症。氟斑牙在牙齿表面出现白色不透明的斑点，斑点扩大后牙齿失去光泽，明显时呈黄色、黄褐色或黑褐色斑纹。严重者牙面出现浅窝或花样缺损，牙齿外形不完整，往往早期脱落。氟骨症表现为腰腿痛、关节僵硬、骨骼变形、下肢弯曲、驼背，甚至瘫痪。在我国除了上海、海南、台湾到目前还没有发现氟中毒，其他各个省市自治区都有地方性氟中毒不同程度的流行。

# 饮用水使用小·常识

## 健康水标准

　　不含任何对人体有毒有害及有异味的物质；水的硬度介于30~200（以碳酸钙计）之间；人体所需的矿物质含量适中；PH值呈弱碱性7.45~8；水中溶解氧不低于每升7毫升及二氧化碳适度；水的媒介营养生理功能（溶解力、渗透力、扩散力、代谢力、乳化力、洗净力等）。

记录一下

## 自来水不宜直接饮用

　　自来水中含有多种致癌致畸有害氯副产物，输送过程存在着二次污染及孳生细菌等。

## 每天要保持一定的饮水量

　　当人体失水量占体重的 2% 时，就会感到口渴，当失水量达 20% 时就会死亡，人体每天约排出 2 000~2 500 毫升的水，因此，每天需摄入同样多的水分，以保持人体的水平衡。人体补充水分的方式主要是通过食物和饮水，一日三餐约可摄入水分 800 毫升，因而每日尚需饮水约 1 000~2 000 毫升。不要等到口渴时再喝水。

## 出汗后不宜大量饮水

　　出汗较多的情况下不能一次性饮水过多，否则会增加心脏负担，出现心慌、气短、出虚汗等现象。大量出汗会使身体损失不少盐分，如果再大量饮水则稀释血液中的盐分并增加出汗，汗水则又要带走盐分，结果会觉得口渴。大量出汗时人体胃肠道血管处于收缩状态，吸收能力差，大量饮水易在胃肠道里积聚，使人感到闷胀，并会引起消化不良。因此，大量出汗后不宜饮水过多，应先用水漱口后再喝一点淡盐开水，过一段时间后才能增加饮水。

# 污　水

# 污水的来源

## 居民生活废水

　　生活废水指的是居民日常生活中排放出来没有用的水。废水其实只有很少一部分经过处理，大部分都是未经过处理就直接排入了河流，这种情况在小城市更严重。废水中污染物成分极其复杂多样，任何一种处理方法都难以达到完全净化的目的，而常常要几种方法组成处理系统，才能达到处理的要求。按处理程度的不同，废水处理系统可分为一级处理、二级处理和三级处理。

厨房污水、洗澡冲厕、洗衣洗漱、畜禽污水等生活废水

# 工业废水

　　工业废水是指各类工业企业在生产过程中排出的生产废水和废液的总称，其中含有随水流失的工业生产用料、中间产物、副产品以及生产过程中产生的污染物。

　　工业废水造成的污染主要有：有机需氧物质污染，无机物污染，有毒化学物质污染，植物营养物质污染，热污染，病原体污染以及放射性污染等。很多污染物具有颜色、臭味或易生泡沫，因此工业废水常呈现出令人厌恶的外观。

造纸、印染、冶炼等都产生工业废水

资　料

　　国家环保部 2012 年《中国环境状况公报》显示，全国废水排放总量为 684.6 亿吨，化学需氧量排放总量为 2 423.7 万吨，与上年相比下降 3.05%；氨氮排放总量为 253.6 万吨，与上年相比下降 2.62%。

# 污水迁移、转化

以河流为例，河流的自净作用是指河水中的污染物质在河水向下游流动中浓度自然降低的现象。

## 水的自净机制可分为三种：

1. 物理过程：指污染物在水体中的混合稀释和自然沉淀过程。
2. 化学和物理化学过程：包括氧化－还原、分解、化合、吸附和凝聚等。
3. 生物化学过程：氧的消耗（耗氧）和氧的补充（复氧）。其中复氧过程包括大气中氧的扩散和水生植物的光合作用。

但水体的自净能力是有限的，如果排入水体的污染物数量超过某一界限时，将造成水体的永久性污染。

污染物排入河流后，在随河水往下游流动的过程中受到稀释、扩散和降解等作用，污染物浓度逐步减小。

## 水体的自净作用

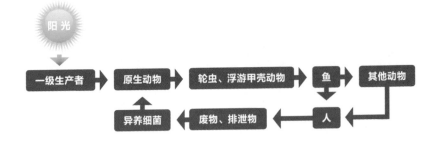

阳光

一级生产者 → 原生动物 → 轮虫、浮游甲壳动物 → 鱼 → 其他动物

异养细菌 ← 废物、排泄物 ← 人

## 水体自净

中国四川成都的活水公园是一座以水保护为主题的城市生态景观公园，它对社区和公共空间的雨水和污水进行有效收集，通过生物自净功能进行水的处理和循环利用，向人们展示被污染的水体在自然界由"浊"变"清"、由"死"变"活"的过程，诠释活水文化，启迪人们珍惜水资源。该案例充分示了活水公园建设理念、运转流程和实践成果，并在原活水公园的基础上有新的提升和发展。

## 水质标准

水资源保护和水体污染控制要从两方面着手：一方面制订水体的环境质量标准，保证水体质量和水域使用目的；另一方面要制订污水排放标准，对必须排放的工业废水和生活污水进行必要而适当的处理。

# 污水的处理·净化·回用

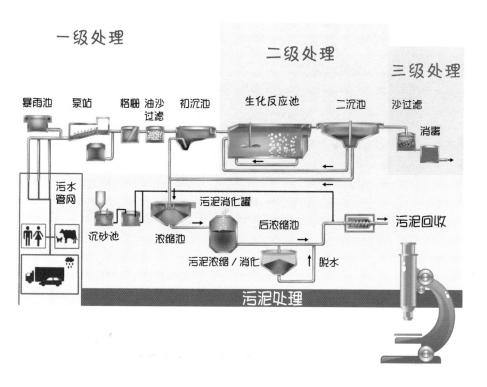

一级处理

二级处理

三级处理

暴雨池　泵站　格栅　油沙过滤　初沉池　生化反应池　二沉池　沙过滤　消毒

污水管网

沉砂池　浓缩池　污泥消化罐　后浓缩池　污泥回收

污泥浓缩／消化　脱水

污泥处理

说 明

**一级处理**

通过格栅的阻挡作用和初沉池的沉淀作用去除污水中的漂浮物和悬浮污染物，主要是物理处理法。

**二级处理**

去除污水中溶解状态和呈胶体状态的有机污染物质，主要是生物处理法。

**深度处理**

在二级处理后，增加处理工艺，使出水达到回用的标准。

# 二级生物处理常用方法

## 活性污泥法

　　活性污泥是由各种微生物、有机物以及无机物胶体、悬浮物构成的结构复杂的绒絮状微生物共生体。这样的共生体有很强的吸附能力和降解能力，可以吸附和降解很多污染物，达到处理和净化污水的目的。活性污泥法是最常用的污水生物处理方法。污水经过初步沉淀去除大块颗粒后进入生化反应池。通过曝气或搅拌向水中供给氧气，微生物利用这些氧气进行呼吸，就可以吃掉那些对它们来说算是美味的有机污染物了。经处理后排出的水中的大部分活性污泥会在二沉池沉淀下来，重新回流到反应中，这样可以维持很高的微生物浓度和性。污水在生化反应池停留期间，一部分有机物被处理成无机物，即矿化，另一部分则转化为微生物细胞物质。

# 生物膜法

生物膜法是与活性污泥法并列的另一种污水好氧生物处理技术。实质是使细菌、真菌一类的微生物和原生动物、后生动物一类的微型动物附着在滤料或填料等载体表面生长繁育，并在其上逐渐长后形成膜状生物污泥——生物膜。生物膜同样具有很强的吸附能力和降解能力。生物膜接触过程中，污水中的有机污染物作为营养物质，为生物膜上的微生物所摄取和利用，污水得到净化，微生物自身也得到繁衍增殖。

生物转盘

曝气生物滤池

生物接触氧化

# 臭气处理

在工业生产、污水处理、垃圾处理和堆肥等过程中，一些挥发性有机物或恶臭物质会进入空气中，对周围环境造成污染，对人体健康产生危害。

臭气处理是指针对工业场所、工厂车间产生的废气，在对外排放前进行处理，以达到废气对外排放国家标准。废气处理包括有机废气处理、粉尘废气处理、酸碱废气处理、异味废气处理和空气杀菌消毒净化等。

# 污泥处理与利用

## 污泥的危害

　　城镇污水处理厂在处理污染时会产生大量的污泥。这些污泥中富集了污水中大量的污染物,含有大量的氮、磷等营养物质以及有机物、病毒微生物、寄生虫卵、重金属等有毒有害物质,若不及时有效处理处置,很容易造成二次污染。例如污泥中的有害物质会随着雨水流入江河湖海,污染地表水;随着雨水渗漏污染地下水;臭味会污染大气;另外对生态景观也产生很大的影响。

　　　　污泥处理是对污泥进行浓缩、稳定、调理、脱水、干化或焚烧的加工过程。

## 污泥减量技术

　　污水处理厂排出的污泥中氮、磷、钾三种元素的含量已经接近猪粪和鸡粪,具有较好的土地利用前景。我国是一个农业大国,用污水厂污泥生成肥料是一条有效的资源化途径。污泥堆肥技术的流程包括:有机质的稳定、致病菌的灭除及生物资源的二次利用。

## 生物技术

　　利用食物链实现污泥减量。研发出适于寡毛类蠕虫生长的污泥减量生物反应器,与污水生物处理系统组合,对剩余污泥或回流污泥进行减量。

# 处理过的污水排放

污水经处理后排放到天然水体是污水净化后的传统出路和自然归宿，也是目前最常用的方法。污水处理厂的排放口一般设在城镇江河的下游或海域，以避免污染城镇给水厂水源、水质和影响城镇水环境质量。

## 污水的再生利用

城镇污水的再生利用减轻水体污染程度，改善生态环境，解决城镇缺水问题的有效途径之一。

### 污水再生利用的具体应用途径

再生水是解决城市水资源不足的重要来源，主要用于城区河湖景观，公园的景观水体，以及工业冷却、道路降尘、市政用水、农业灌溉、洗车和冲厕等方面。

# 中 水

# 中水回用

## 中 水

中水回用是解决水危机的重要途径。

自然界已无力向我们提供更多的淡水资源，为了保障人们生产生活必需用水，水专家们开辟了城市第二水源。将人们用过的优质杂排水（不含粪便和厨房排水）以及生活污（废）水，经再生处理后，回用充当不与人体直接接触的杂用水。这种杂用水水质达不到饮用水标准，却比允许排放水洁净很多，它的水质介于给水（上水）和排水（下水）之间，于是被命名为中水，也叫再生水。

在美国加州较早进行中水回用，1965年开始研究将深度处理中水回灌地下。再生水通过23座多套管井回注地下含水层。其中加州的农灌用回用水量很大，占回用水量的60%以上，以此解除该地区干旱威胁。在城镇，大片绿地、树木、高尔夫球场、公园也是靠中水浇灌。

## 中水回用典例
### ——奥运龙形水系

## 北京大型污水处理厂
## 中水回用工程

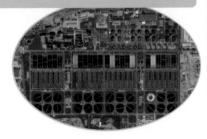

高碑店污水处理厂中水回用工程是以二级处理出水为原水，深度处理后所得中水一小部分用于厂内的设备、水池、车辆、地面的冲洗及绿化用水，其余则注入八一湖用于地下回灌，补充中水供水量1万立方米/日。

## 回 用

　　中水开发和回用技术在最近几年越来越趋于完善，基本采用就近回用原则，在一个社区内甚至一栋独立的大厦内就可以建立中水站，一水净化多用，既节约水源又节省输送成本，中水回用技术能够非常有效地缓解城市用水供需矛盾。

　　为鼓励中水技术应用，在北京，法规规定建筑面积两万平米以上的建设工程必须按规定配套中水设备。

　　另外，中水水路必须与其它水路分隔开，并涂以浅绿色标志，避免误饮误用。

## 中水用途

- 城市河湖景观环境用水；
- 城市绿化、农业灌溉用水；
- 工业循环冷却水；
- 道路冲洗降尘、洗车、冲厕用水；
- 地下回灌。

保护环境

节省水费用

缓解水资源压力

节省水资源

使用再生水

北京市通惠河河道景观

道路冲洗降尘

中水农业灌溉

# 如何得到中水

　　主要处理单元有初次沉淀池、曝气池、二次沉淀池，进一步去除水中无机物及有机物等。

　　深度处理单元有膜过滤、活性炭吸附、氯消毒和紫外消毒等可供选择，最终出水水质需达到生活杂用水标准。

生活杂用水水质标准是什么？

《生活杂用水水质标准》是我们国家专门为保障中水安全适用而颁布的标准规范，中水水质必须要：

**1** 满足卫生要求。其指标主要有大肠菌群数、细菌总数、余氯量、悬浮物、$BOD_5$（生化需氧量）等。

**2** 满足人们感观要求，即无不快的感觉。其衡量指标主要有浊度、色度、臭味等。

**3** 满足设备构造方面的要求，即水质不易引起设备、管道的严重腐蚀和结垢。其衡量指标有 PH 值、硬度、蒸发残渣、溶解性物质等。

# 中水的消毒技术

水专家们目前对中水研究更多关注消毒工艺对水质的提高和对水体毒性的降低。

## 氯消毒

其强大的杀菌力、低廉的价格及在水中持续时间长等特点，使它成为世界上使用最多、应用最广的杀菌工艺。

## 臭氧消毒

该方法可明显改善水的气味和色度，近几年得到大量推广应用。

## 超声波消毒

利用频率超过 20 千赫的声波杀灭水中大肠杆菌、结核杆菌、及其它微生物。

## 紫外线消毒

通过紫外光子辐射去除水中细菌繁殖体、病毒及其他有机物。

消毒技术在杀灭病原微生物，防止流行疾病传播的同时，也会产生或多或少的消毒副产物，氯消毒会产生三卤甲烷、卤乙酸，臭氧消毒会产生醛、酮等化合物，这些化合物可能会对生物体带来易致畸、致癌、致突变的"三致"风险。为了能够掌握控制消毒后中水水质变化，水专家们对消毒副产物成分、毒性及控制措施都进行了大量研究，甚至追溯到水体来源中存在的消毒副产物前驱物，分析它们的来源并分离去除。

污水处理厂对中水开展化学监测的同时也进行毒性监测，一般用筛选出的特殊鱼类养在中水池出水口处测试急性毒性。生物和化学监测相互补充，确保中水水质安全。

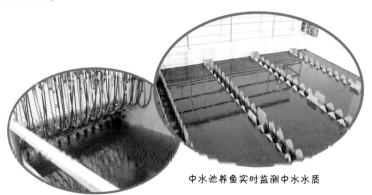

中水池养鱼实时监测中水水质

紫外线技术对中水做最后消毒处理

中水

# 什么是环境雌激素

**雌激素**

　　环境雌激素指进入人体后可产生具有模拟雌激素作用的环境毒素。它们会干扰体内正常内分泌物质的合成、释放、运输、结合、代谢等过程，激活或抑制内分泌系统的功能，从而破坏维持机体稳定性和调控作用。环境雌激素包括人工合成化合物及植物天然雌激素，属于环境雌激素中的一类。

人类生活

工农业生产

# 环境雌激素有哪些危害

## 生殖发育毒效应

　　雌激素能够干扰内分泌机能，引起哺乳动物及人类的生殖障碍、发育异常及病理性损伤。动物实验表明，外来雌激素几乎可引起各类型的雄性生殖系统发育障碍，并可对发育中的生殖器官和其它具有这些激素受体的器官造成永久性的改变。

## 致癌作用

　　合成雌激素己烯雌酚的致癌效应已经有发生在人类身上的明确证据，多氯联苯、DDT等可引起动物肿瘤。具有雌激素作用的化学物质如二O恶英、其它人工合成避孕药、植物和真菌雌激素等与肿瘤尤其是生殖系统肿瘤的关系正逐步得到研究。

## 神经系统毒效应

　　研究表明，小境雌激素可引起人或动物出现行为、学习和记忆障碍，也可能出现注意力分散、感觉功能和精神发育的改变。

## 免疫系统毒效应

  流行病学调查显示己烯雌酚暴露可增加人类免疫系统疾病的发病率;二O恶英可使胸腺萎缩,并改变啮齿动物的抗体反应,增加其对疾病的易感性。除己烯雌酚和二O恶英外,人体接触氨基甲酸酯、有机氯农药、金属有机化合物和一些金属等雌激素物质也能改变机体免疫功能,导致免疫抑制或过度反应。

五条腿的青蛙

"美人鱼"

雌性化的雄蛙

# 如何去除环境雌激素？

## 生物法

通过活性污泥、生物滴滤池、厌氧消化池中微生物的生物氧化作用可以去除部分具有雌激素效应的污染物。而在这些技术中，又以活性污泥法中兼具脱氮除磷效果的工艺去除雌激素污染物的效率最高，但弊端是目标物部分会吸附在污泥上。

活性污泥法

## 传统化学法

传统的水处理工艺，如粉末活性炭吸附法经验证对雌激素物质有理想的去除效果，而混凝法对去除痕量的雌激素物质效果不佳。

粉末活性炭

## 物理法

膜过滤法能有效的去除雌激素物质。但是膜处理由于成本昂贵，将它用于大规模的污水处理不现实，同时这种方法只能单纯实现污染物的转移，并不能从根本上实现雌激素物质的降解去除。

膜过滤

## 深度处理

深度处理分别为氯化法、臭氧化及高级氧化、光解法、二氧化锰氧化等处理方法。

中 水

# 饮水思源——保护我们的水环境

读完了整本书，你是不是对水环境有了大致的了解了呢？保护我们的水环境从身边做起。

想一想，怎样才能从身边保护我们的水环境呢？